모놀리틱 스톤

Monolithic
Stone

모놀리틱 스톤
빛으로 그린 바위

Monolithic
Stone
A Stone Drawn with Light

조신형
Cho Shin Hyung

site & page

Cho Shin Hyung
(architect & principal, Differential Permanence)

Cho Shin Hyung hated arithmetic when he was young and thought he hated mathematics. However, he was a child who loved geometry and was utterly fascinated by Euclidean and non-Euclidean geometry. Starting with his unique birth story of being born on board a plane, he grew up left-handed for many years abroad, but when he came to Korea, he became ambidextrous under the guidance of his classroom teacher. He still sketches and draws with his left hand.

Cho studied architecture at the AA School and Harvard Graduate School of Design and worked at Foster + Partners in the UK. After much deliberation, he chose the name Differential Permanence (which is both geometric and philosophical). Now, as an architect, he explores the geometry of the city and nature around him. He is exploring how the sum of parts makes a whole and how a continuous three-dimensional surface can become architecture by playing with the physicality of materials.

조신형
(건축가, 디퍼런셜퍼머넌스 대표)

산수를 싫어해서 그래서 수학을 싫어하는 줄 알았는데, 사실 조신형은
기하학을 좋아하고 유클리드/ 비유클리드 기하학에 완전히 매료되어 있었다.
비행 중 기내에서 태어난 남다른 출생 스토리를 시작으로 해외에서 오랜 시간
왼손잡이로 자랐지만, 한국에 와서는 담임 선생님의 지도하에 오른손을 함께
쓰는 양손잡이가 되었다. 지금도 스케치와 도면은 왼손으로 그린다.
    영국 AA스쿨과 하버드 디자인대학원에서 건축을 공부했고,
영국의 노먼 포스터 사무소에서 일했다. 긴 고민 끝에 사무소명을 (다분히
기하학적이고 철학적인) 디퍼런셜퍼머넌스(Differential Permanence)로 짓고,
지금은 건축가로서 주변의 도시와 자연의 기하학을 탐미하고 있다. 부분의
합이 전체의 면을 이루는 것, 그리고 재료의 물성을 반어법적 유희로 활용하여
하나의 연속적인 3차원 곡면이 선축이 되는 방법을 탐구 중이다.

one day   \ 11

story

The Land.   11 of 1,320,000 square metres   \ 59

The Function.   A Chaple for Just One Person   \ 61

The Form.   A Metaphor of a Stone   \ 63

The Production.   A Challenge on UHPC   \ 65

The Archetype.   A Place for Inspiration   \ 67

Light.   Editing Light   \ 69

Landscape.   A Floating Rock   \ 71

Materials.   Beyond the Limit   \ 73

Everyday Life.   \ 75

critique

The Monolithic Stone: Variations of Demodules and Differential Geometry_Chun Eui Young   \ 96

production and construction   \ 114

Contents

어느 날   \ 11

스토리
            땅.   40만 평 중 3평   \ 59
            기능. 딱 한 사람만을 위한 예배실   \ 61
            형태. 바위라는 메타포   \ 63
            제작. UHPC 도전   \ 65
            원형. 영감의 공간   \ 67
            빛.   빛을 편집하다   \ 69
            랜드스케이프. 떠 있는 바위   \ 71
            재료. 한계를 넘어   \ 73
            일상.   \ 75

비평
            모놀리틱 스톤
            : 탈모듈과 미분기하학의 변주_ 천의영   \ 96

제작시공   \ 114

차례

건축은 이토록 간절한 누군가의 기억과 염원을
태초의 바위처럼 세우고, 시간이 멈춘 듯 담는 일이다.
이 책도 그 건축의 일부이다.

Architecture is a way of preserving memories and aspirations
so desperate that they seem to defy time, like an ancient rock.
This book is an example of such architecture.

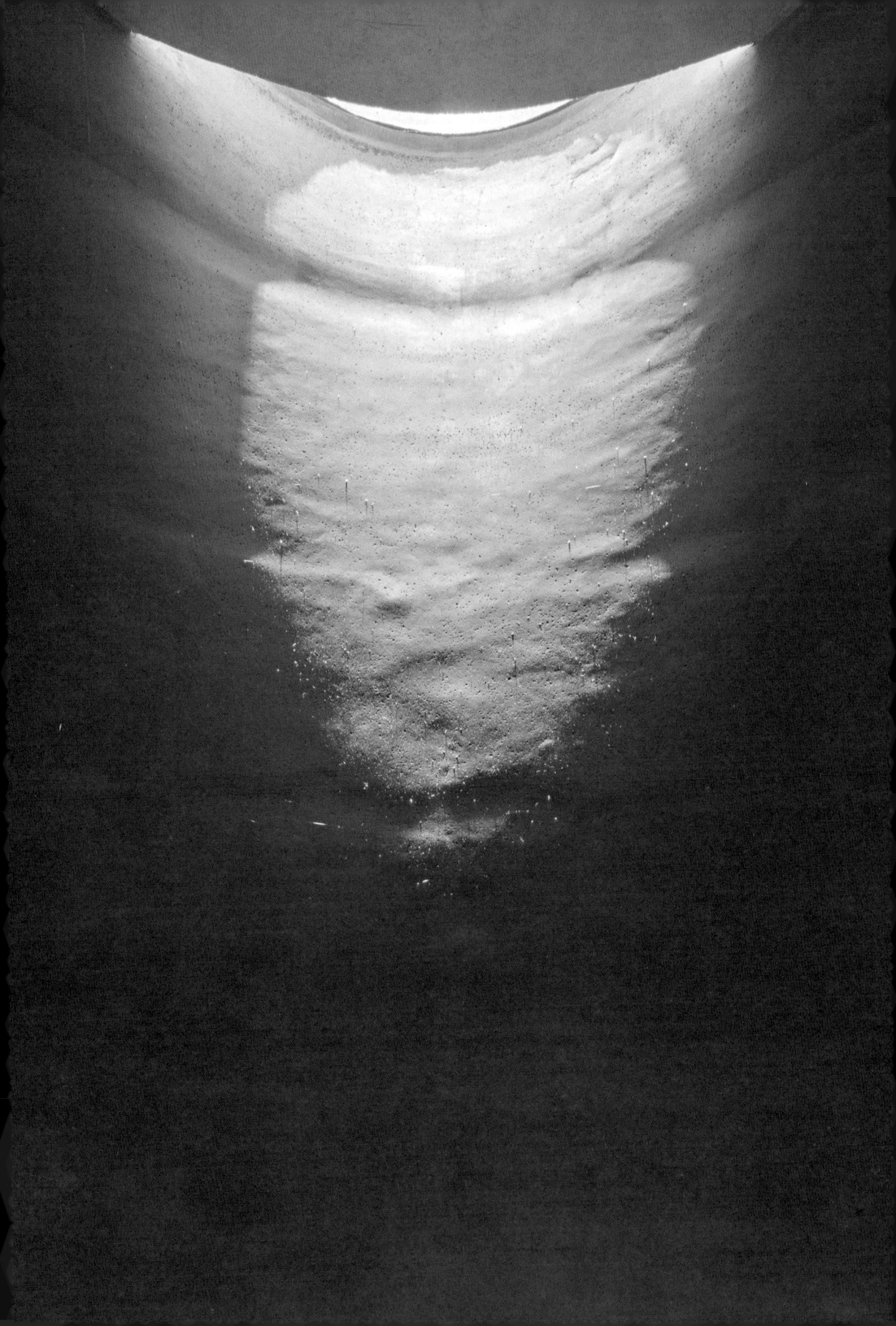

story

The Land.   11 of 1,320,000 square metres

The Function.   A Chaple for Just One Person

The Form.   A Metaphor of a Stone

The Production.   A Challenge on UHPC

The Archetype.   A Place for Inspiration

Light.   Editing Light

Landscape.   A Floating Rock

Materials.   Beyond the Limit

Everyday Life.

스토리

땅. 40만 평 중 3평
기능. 딱 한 사람만을 위한 예배실
형태. 바위라는 메타포
제작. UHPC 도전
원형. 영감의 공간
빛. 빛을 편집하다
랜드스케이프. 떠 있는 바위
재료. 한계를 넘어
일상.

거석처럼 보이는 모놀리틱 스톤은 다수의 교인을 위한 종교시설이 아닌, 오직 건축주 단 한 사람만을 위한 작은 예배실이다.

The megalithic-looking Monolithic Stone is not a place of worship for a large congregation but a private chapel for a single person, the client.

땅. 40만 평 중 3평

나는 하나의 재료가 곧 하나의 공간을 이루는 건축을 추구해왔다. 하나의 표면으로 공간을 완결할 수 있는 구법과 방식, 이런 공간은 사용자에게 어떤 식으로 수용될 수 있을까? 모놀리틱 스톤은 이 질문에 한 걸음 다가서는 시도였다. 이 글은 부산 기장군 1,320,000㎡(40만 평) 대지에 건축면적 11㎡의 작고 좁은 예배실을 만들며 가졌던 고민과 결정에 대한 모음이다. 한 가족을 위한 집도 아니며, 문화시설이나 상업시설처럼 대중을 위한 공공장소도 아니고, 종교시설처럼 다수의 교인을 위한 영적 공간도 아닌, 오직 건축주 단 한 사람만을 위한 예배실을 짓는 이야기다. 그만큼 건축주와 나와의 관계는 특별했다. 앞서 다른 프로젝트를 함께 진행하고 있었는데 소유하고 있는 이 땅에 대한 개인사를 듣고서 나는 그에게 작은 기도실을 제안하기에 이르렀다. 크고 웅장하고 더 화려할 수도 있었겠지만, 앞서 그의 어머니가 머물렀던 작은 기도실처럼 새로운 예배실을 공간화·시각화하고 싶었다.

대지는 부산시 기장군 철마면에 있다. 처음 현장답사를 간 날이 또렷이 기억난다. 부산에 여러 번 와봤지만 처음 가보는 지역이었다. 부산역보다는 울산역과 더 가깝다는 건축주의 말을 듣고 서울에서 울산행 KTX에 몸을 실었다. 울산역에서도 택시를 타고 30여 분을 달려야 했는데, 그 행로의 끝에 산으로 둘러싸인 인적 드문 작은 촌락과 농원 하나가 기다리고 있었다. 목적지에 도착했을 때 나는 놀란 마음에 눈을 크게 뜨고 주변을 둘러보았다. 택시를 타고 오는 내내 샌드위치패널로 만든 공장들과 어설픈 건물들만 눈에 들어왔는데, 막상 도착한 이곳은 태초의 자연과도 같은 풍경이었다. 40만 평은 골프장 하나의 규모와 비슷하다. 골프장은 인공적으로 디자인된 장소이지만 이곳은 그와는 다른, 생생하고 날것 그대로의 모습이었다. 오히려 DMZ의 이미지와 더 닮아 있었다. 나중에 들었지만 오랫동안 개발제한구역으로 묶여 있었던 덕분에 사람의 자취가 묻어나지 않은 인택트(intact) 상태로 원시림의 모습을 지킬 수 있었다고 한다.

속세의 때가 묻지 않은 부산 기장군 산속 깊은 곳에 대지가 있다. 예배실은 연못이 내려다보이는 마당의 가장자리에 위치한다.

Deep in the untouched mountains of Gijang-gun lies the land. The chapel is located at the edge of the courtyard overlooking the pond.

건축주는 이곳에 연못이 딸린 작은 집을 짓고 살고 있었다. 그러다가 작은 예배실을 만들면 좋겠다는 생각에 이르렀다. 하루도 빠짐없이 늘 두 손을 모아 기도하셨던 돌아가신 어머니를 기억하는 방식이자 자신의 일상적 신앙을 실천하는 공간으로서 말이다. 그 위치는 연못이 내려다보이는 취미실 옆으로, 대지의 경계이자 결절점으로, 오직 자신만을 위한 크기면 충분했다. 가까운 미래에 집을 리모델링하고, 연못 자리에 새로 건물을 올리며 이곳을 영빈관으로 조성하려는 마스터플랜과도 맞물린 선택이었다.

기능. 딱 한 사람만을 위한 예배실

이왕 짓는 건물이 좀 더 커도 좋지 않았을까? 그러나 이곳에서는 마땅히 작아야 하는 이유가 있었다. 우리는 건축주보다 먼저 무릎을 땅에 대고 하늘로 두 손을 모은 어머니의 기도를 봐야 한다. 그의 어머니는 생전에 집 옆에 작은 동굴을 직접 만들고 매일 그곳으로 들어가 기도했다. 한 번 들어가면 쉽게 동굴에서 나오는 법이 없었다. 해가 지고 달이 뜰 때까지 늘 그 안에서 성경을 읽고 기도에 전념하셨다. 아버지를 일찍 잃고 어머니와 함께 성장한 막내 아들인 건축주는 묵묵히 자신의 동굴로 향하는 어머니의 뒷모습을 이 모놀리틱 스톤에 담으려 한 것이다. 그래서 모놀리틱 스톤은 그 기억과 정서만을 담는 꾸밈 없는 예배실의 원형이어야 했다. 검박했던 어머니의 동굴에 대한 기억이 모놀리틱 스톤이란 바위로 오마주된 것이다.

이 배경을 알고 나서 나는 맞춤 의복처럼 이 공간은 건축주 한 사람만을 위한 기능과 규모를 가져야 한다고 생각했다. 그의 키와 어깨 너비를 고려해 간신히 통과할 만큼만 출입구를 내고, 앉았을 때의 크기만큼만 실내 폭을 확보한 이유다. 만약 건축주가 더 작은 사람이었다면 문과 공간은 더 작아졌을 것이다. 낮은 문은 몸을 낮추게 해 마음을 가라앉히고, 최소한의 기능만 있는 실내는 절제심을 갖게 만든다. 46kg의 작은 몸집만 간신히 들어갔던 어머니의 동굴처럼 말이다. 그래서 처음에는 천창도, 냉난방

신장 185cm의 건축주가 앉아 기도를 하고, 잠깐 뒤로 누울 수 있을 만한 최소한의 규모와 기능을 갖고 있다.

    It is minimal in size and function, allowing the building owner, who is 185cm tall, to sit, pray and lie back for a while.

설비도 계획하지 않았다. 오히려 건축주는 "비가 오면 비를 맞고, 추우면 옷을 더 입겠다"라고 말할 정도로 건축물에 대한 기능적 요구가 없었다. 그래도 설계자로서 건축주의 사용 행태와 패턴을 파악해 최소한의 기능은 넣자고 제안했다. 건축주는 1년에 10번 내외로 성경을 통독하고, 주일마다 교회를 갔다. 기도와 연간 10회 정도의 통독을 할 수 있는 좁은 공간, 야간에도 책을 읽을 수 있는 밝기의 최소한의 조명 정도를 고려했다.

한편, 서두에 말한 것처럼 하나의 재료로 하나의 공간을 만들겠다는 나의 생각은 초고성능 콘크리트(UHPC, Ultra High Performance Concrete)란 재료에 대한 관심과 실험으로 이어졌다. 별도의 장식 없이 구조체의 양감과 물성만으로 건축을 이루는 것, 그리고 그 덩어리가 만드는 분위기가 건물의 용도에 기여할 것이란 조건을 쫓다가 UHPC에 이른 것이다. 그래서 한 치의 흐트러짐 없는 UHPC 덩어리를 구현하고자 했다.

건축주는 최근에도 모놀리틱 스톤에 들어가 6박 7일 동안 성경을 통독하고 나왔다고 한다. 2020년에 준공했는데 벌써 10여 번째다. 하루 중 10~15시간을 그 작은 공간에서 머무는 건축주를 상상하면 나도 모르게 마음이 숙연해진다.

형태.   바위라는 메타포

'모놀리틱 스톤'이란 이름은 건축물의 형상보다는 건축주 어머니 이야기에 초점을 맞춘 것이다. 바위의 형상을 닮은 바위가 아니라 어머니를 기리고 자신을 위한 공간으로서의 바위가 필요했다. 이곳에 들어가 기도하는 건축주의 모습은 마치 어머니 품 안에서 기도하는 아이 같다. 모놀리틱 스톤도 건축주가 들어가는 순간만큼은 잠시 마주한 손을 열어 그를 안아주는 것 같았다. 이곳의 좁고 낮은 출입문은 수십 년 전 130㎝ 남짓한 키의 아이였을 건축주의 모습을 상상하며 만든 것이다. 문의 폭이 너무 좁다고 생각할 수 있지만, 의도한 디자인이다. 이 문을 통과할 때 건축주가 가장 불편하면 좋겠다는 생각이 깔려 있었다. 문 앞에서 어깨를 움츠리고 고개를 숙여야 하는, 그래서 이곳에 들어가고

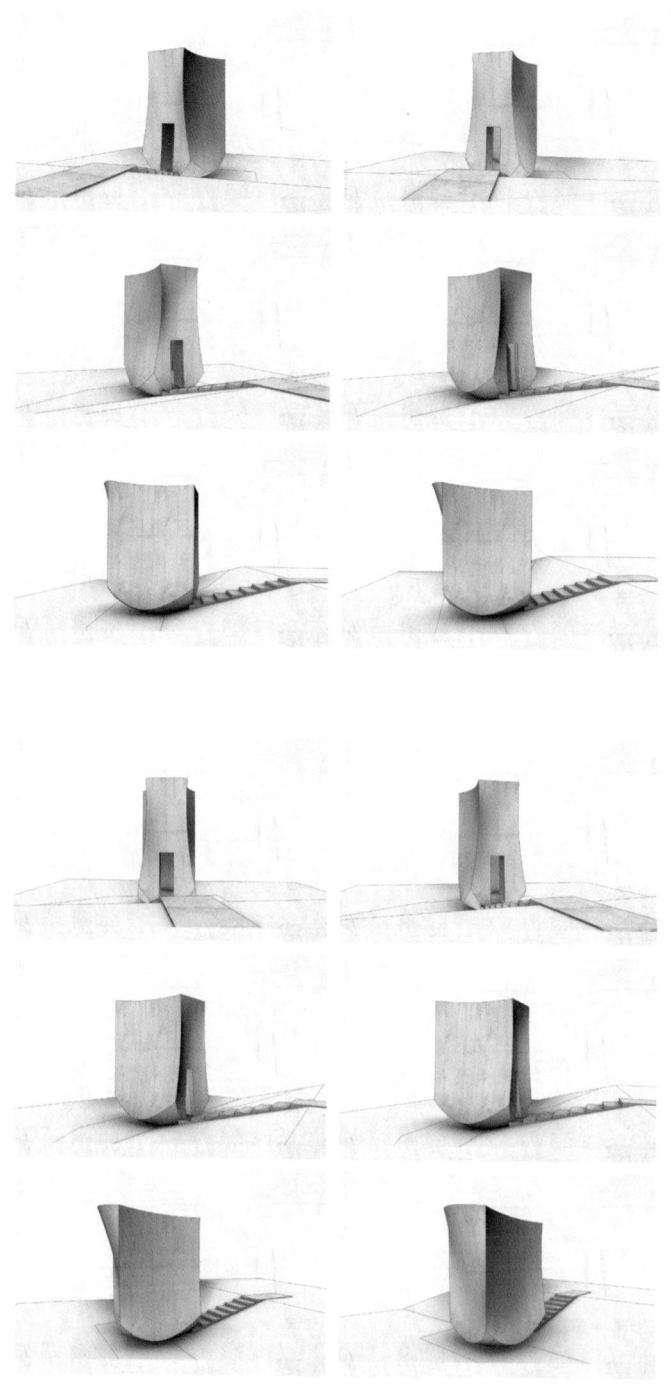

주변의 지형과 다양한 시선 가운데 예배실은 마치 하나의 바위처럼 땅과 만난다.
　　　Amidst the surrounding terrain and multiple perspectives, the chapel meets the ground like a rock.

나감을 온몸으로 감각하기 바랐다. 옛 기억을 되새길 수 있도록 문의 무게를 상당히 무겁게 약 200kg으로 제작했다.

내부 공간은 건축주를 의인화한 공간이라고 설명할 수 있다. 교회의 네이브(nave)와 알타(altar)가 혼재된 느낌의 내부 공간은 185cm 키의 건축주가 앉아서 기도하다가 잠시 뒤로 눕는 것까지를 허락한다. 폭은 좌우로 두 팔을 벌렸을 때 간신히 손끝에 벽이 닿는 정도다.

이 형태에는 숨은 이야기가 하나 있다. 유심히 보더라도 알아차리기 어려운, 특정 위치에서만 눈썰미 좋은 사람만이 발견할 수 있는, 그마저도 잘못된 시공 탓으로 돌릴 수 있는 미세한 차이 말이다. 바로 좌우 면의 곡률이 비대칭이란 사실이다. (물론 프랭크 게리(Frank Gehry)의 건물처럼 휘황찬란한 비대칭을 바랐던 건 아니다.) 사람은 누구나 왼쪽과 오른쪽이 비대칭이다. 무엇이든 자주 쓰는 쪽으로 닳기 마련이다. 이 세상과 자연에 완벽한 대칭은 존재하지 않기에 그저 대칭을 위해 부단히 노력하고, 그럼에도 대칭에 이르지 못하는 지금 우리의 자화상을 투영하고 싶었다. 건축주는 아직 모를 수도 있다. 언젠가 내가 먼저 이야기를 해줄 수도 있겠다. "혹시 그거 아셨어요?" 그러면 그는 "그래요?" 하며 두리번거릴 것이다.

제작.　UHPC 도전

UHPC 사용을 결정한 후 시공 방식을 오래 고민했는데, 결과적으로 나는 가장 어려운 방식을 선택했다. 이음새가 없는 하나의 완결된 덩어리를 만들고 싶었다. UHPC를 사용해 설계·시공한 경험이 앞서 2번 있지만, 하나의 표면, 하나의 덩어리를 만드는 건 이전과 전혀 다른 문제였다.

우리는 노출콘크리트 특유의 줄눈이 없고, 그 물성이 드러나지 않는 시공법을 연구하면서 바로 목업에 착수했다. 한 번에 타설하기 위해 건물의 형태와 그에 따른 거푸집의 형태를 여러 번 수정해야 했는데, 관건은 타설한 액체 상태의 UHPC가 한쪽으로 쏠리지 않도록 하는 것이었다. 쏠리면 그 부위로 하중이

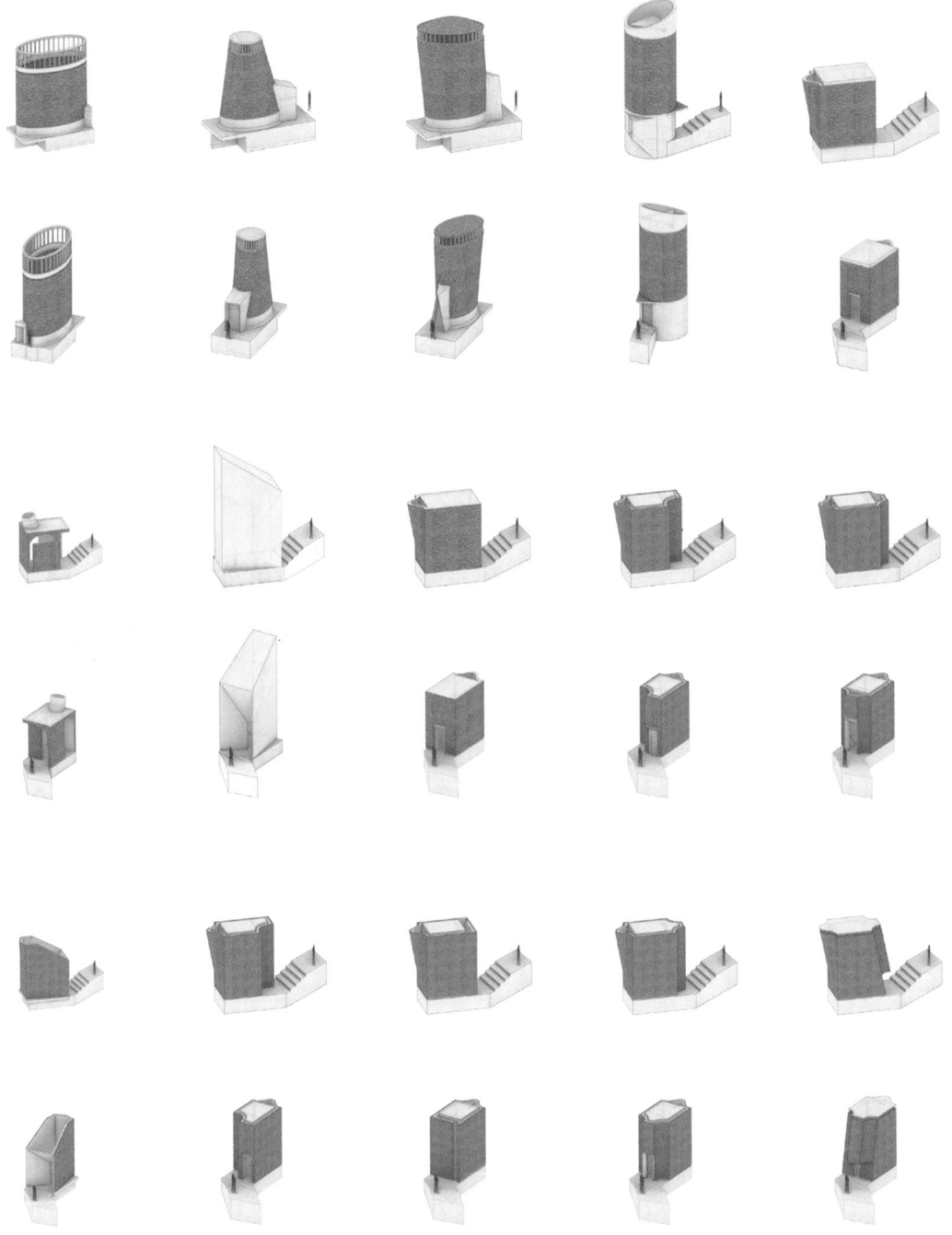

작업 과정에서 다양하게 검토한 예배실의 형태와 공간 유형들.
The forms and spaces of the chapel that were considered during the course of the work.

몰리고, 최악의 경우 거푸집이 터질 수도 있다. 이에 사전에 20~30개의 스티로폼 덩어리로 틀을 짜 시뮬레이션하고 사태를 미연에 방지하고자 유리섬유를 섞어 강도를 높였다.

내벽 타설에도 어려움이 컸다. 솔직히 말해 지금의 예배실 내벽은 시공하면서 급히 변경한 결과다. 원래 내벽이 외벽과 같은 형상이어야 하는데, 타설 과정에서 UHPC 하중 균형이 맞지 않아 거푸집이 계속 터지는 사태가 발생했다. 나름 치밀하게 계산했지만 시공상의 변수가 예상을 비껴갔다. 이에 서로 다른 곡률을 가진 삼차원 덩어리로 수정하며 내벽에서 무게중심을 잡아줄 새로운 곡률값을 설정하고 마치 배가 볼록 나온 듯한 선으로 구현했다. 하지만 완벽하게 균형감을 이룬다. 케이크를 자르듯 건물을 반으로 갈라도 양쪽의 무게가 같을 것이다.

거푸집 모듈을 현장에서 조립하는 데 일주일, 목업하는 데 하루, 실제 타설하는 데 하루가 걸렸다. 시공비가 대략 평당 7천만 원이었으니 건축주와 건축가, 시공사 모두에게 매우 큰 도전이자 모험이었다.

원형. 영감의 공간

사실 모놀리틱 스톤 아이디어의 시발점은 2019년에 회사 직원들과 함께 다녀온 유럽 건축 답사에 있다. 영국, 독일, 스위스 등 각지의 현대건축물을 함께 답사하고 감상을 나누었는데, 나는 특히 스위스 건축가 페터 춤토르(Peter Zumthor)의 예배당에 깊게 감명받았다.

처음으로 방문한 그의 작품은 독일의 클라우스수사 교회(Bruder Klaus Field Chapel)였다. 출발지에서 네비게이션에 목적지를 입력하니 122km 거리라고 나와 서울에서 대전 거리쯤으로 생각했는데 5~6시간이나 걸렸다. 도착하자마자 우리는 드넓은 대지에 우뚝 홀로 선 이 교회의 전경에 먼저 경도되었다. 오랜 이동으로 몸에 쌓인 피로가 순식간에 날아갔다. 오솔길을 따라 찬찬히 다가가 두껍고 무거운 삼각형 문을 열고 몸을 밀어 넣었을 때 난 그 삭은 공간을 형언할 수 있는 어떤

예배실의 좁은 문을 통과하려면 어깨를 옴츠리고 고개를 숙여야 한다. 건축가는 건축주가 이곳에 들어가고 나감을 온몸으로 감각하기를 바랐다.

        To get through the narrow doors of the chapel, one has to hunch shoulders and bow one's head. The architect wanted the owner to feel the sensation of entering and exiting the space.

수사도 떠오르지 않았다. 어둑한 사위에 저 끝에서 아련하게 발광하는 촛불을 따라 걸음을 옮길 때 경건한 마음이 일었다. 이때의 경험은 모놀리틱 스톤의 출입구 디자인에 영감을 주었다.

스위스에 성 베네딕트 교회(Saint Benedict Chapel)도 갔다. 이 역시 출발지에서 180km 거리였는데, 아니나 다를까 6시간이 걸렸다. 그럼에도 그 건물을 마주했을 때의 감동은 이루 말할 수 없다. 점과 직선, 곡선의 조화로움이 재료의 물성을 극대화했고, 흘러내리는 물 자국까지 고려해 설계되었다.

이외에도 나에게 영적 울림을 줬던 공간을 꼽으라면 이탈리아의 피렌체 두오모(Duomo di Firenze)다. 건축을 공부하기 이전부터 건축가가 된 지금까지 5번의 피렌체 여행을 통해 경험했던 피렌체 두오모는 늘 내게 깊은 감동이었다. 건축을 공부하던 시절 나는 돔을 이루는 수백만 개의 벽돌을 보면서 콘크리트 덩어리 하나로 똑같은 모습을 구현할 방법을 골몰한 적도 있다.

국내에서는 건축가 이타미 준의 풍미술관이 가슴 깊게 각인되어 있다. 사진에서는 크게 보였는데, 실제로 가보니 생각보다 작았다. 하지만 벽이 에워싼 가운데 원형 하늘에서 떨어지는 빛으로 가득 찬 공간은 힘이 있었다. 그림자와 빛이 만드는 힘이었다.

빛.   빛을 편집하다

내게 언제나 빛은 디자인을 결정짓는 중요한 요소다. 나는 모든 프로젝트에서 빛이 들어오는 방향과 움직임, 그리고 깊이를 시뮬레이션한 끝에 최적화된 창의 위치를 찾는다. 심지어 그 수치가 물리적으로 특정되거나 디자인 그 자체가 되기도 하는데, 예컨대 최근 갤러리 프로젝트 스페이스 신선에서는 에드워드 호퍼(Edward Hopper)의 회화 속 창문처럼 실내로 들어오는 서향 빛을 창문으로 형상화하기도 했다.

특히 종교시설에 빛은 필수 불가결한 존재이다. 모놀리틱 스톤에서도 마찬가지. 오직 천장 하나밖에 없지만 계절마다,

언제나 빛은 디자인을 결정짓는 중요한 요소다. 특히 종교시설에서 빛은 필수 불가결한 존재이다.
  Light has always been an essential factor in the design process. Light is essential, especially in houses of worship.

시간대마다 들어오는 광량과 빛의 각도를 시뮬레이션해 정한
것이다. 개인적으로 정오에 직사광선으로 내리쬐는 빛보다
비스듬히 사선으로 들어와 벽에 맺히는 빛이 더 좋다. 곡률이
다른 내벽에 빛이 산란되는 모습은 마치 빛이 춤을 추는 것
같다. 오전까지는 한쪽 벽에 맺혔던 빛이 오후에는 반대 벽으로
넘어가 비대칭 같은 대칭이 이뤄지는 순간도 흥미롭고, 광선처럼
내리쬐던 빛줄기가 불룩 나온 벽에 맞고 마침내 초승달 모양처럼
맺힐 때는 경이롭기까지 하다. 사실 이 빛의 변화는 전적으로
우연이지만, 이 모습이 있기까지 재료 연구와 구조 계산 등 치밀한
과학적 검증이 있었다는 점도 흥미롭다. 외부는 빛으로 가득 차
있어 그림자를 받아주고, 내부는 그림자만 있기에 빛을 받아 줄
수 있다. 전체가 하나의 면으로 구성되어 이질적인 재료나 물성이
없는 상태에서 모놀리틱 스톤의 안과 밖은 각각 극단의 요소를
받아내고 있다.

공간은 매우 작지만 우연처럼 다양한 풍경들을 곳곳에
연출하는 빛이 있어 풍요롭다. 그러나 건축가로서 조금 더
적극적으로 빛에 대한 시뮬레이션과 실험이 평면상에서 녹아
들었다면 좋았겠다는 아쉬움이 남는다.

랜드스케이프. 떠 있는 바위

이번 모놀리틱 스톤의 랜드스케이프는 조금 다른 관점이
필요했다. 수종과 식재에 대한 고민만이 아니었다. 나는 건축물과
땅이 만나는 방식에 관해 오래 고심했다. 모놀리틱 스톤은 집의
앞마당에서 조금 아래쪽으로 내려와 연못으로 가는 중간에
자리한다. 추후 주변에 신축할 건물까지 고려해 땅 전체의 관계를
조율하는 느슨한 연결고리로 예배실의 위치를 잡은 것이다. 또
한편으로 지금은 그 과도기로서 이 건축물만의 상징적인 장소성도
필요했다. 그래서 나는 앞마당 지면 레벨에서 400mm 정도 아래로
모놀리틱 스톤의 터를 잡았다. 어머니의 동굴로 향하는 길이
내리막이었듯이 얕지만 그 흐름을 가져오고 싶었다. 가지런히
놓인 3개의 계단을 밟고 내려가면 예배실 입구에 도착한다. 덕분에

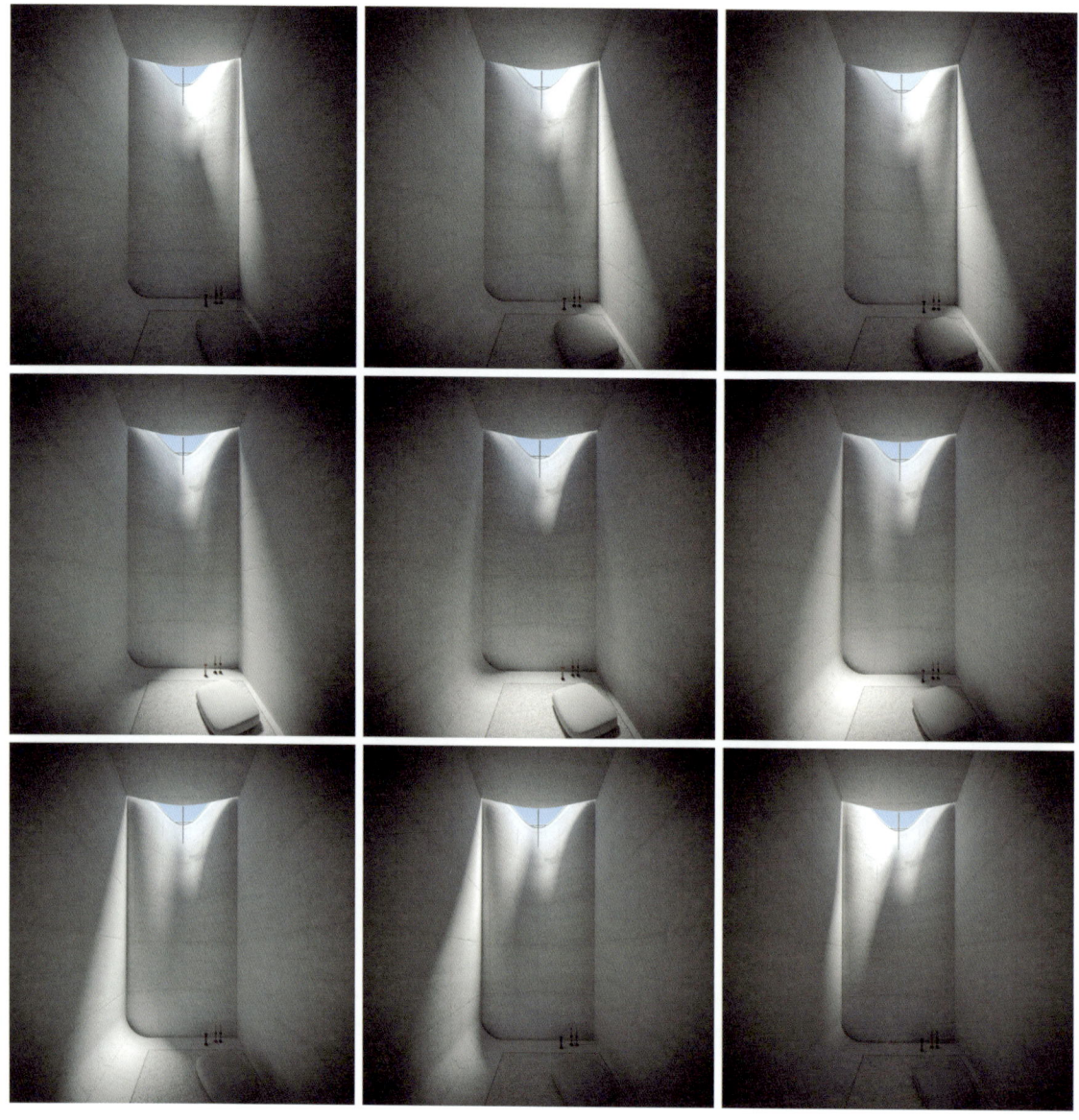

모놀리틱 스톤에는 빛이 들어오는 개구부가 오직 천창 하나밖에 없다. 계절마다, 시간마다 들어올 광량과 빛의 각도를 시뮬레이션한 끝에 그 형태와 크기를 정했다.

There is only one skylight on the Monolithic Stone. The size and shape were set by simulating the amount of light and the angle of light coming into the area during different seasons and times of the day.

더욱 극적인 효과를 얻을 수 있다. 그리고 건축물을 중심으로
반경 1m를 내후성강판으로 낮게 둘러 '바위'만의 영역성을 만든
다음 흰 자갈을 깔았다. 초기에는 잔디밭과 얇은 선으로 경계를
구분하려고 했다가 시공 과정에서 그 경계와 영역성이 지금처럼
변경됐다.

        랜드스케이프 관점에서 바로 오른쪽에 위치한 소나무
이야기를 빼놓을 수 없다. 정오가 막 지난 이른 오후에는 이 소나무
그림자가 모놀리틱 스톤 외벽에 드리워진다. 그 풍경이 매우
시적이어서 마치 전혀 다른 건축물 같다. 캔버스 위의 그림처럼
시시각각 변하는 장면들은 살아 숨쉬는 어머니의 숨결과 손길을
표현하는 것처럼 보인다. 만약 건축물의 위치가 왼쪽으로 2m만 더
치우쳤어도 이 절경을 볼 수 없었을 것이다. 감사한 일이다.

        사실은 더 넓은 범위에서 조경과 조명을 계획하고 영역을
구분 짓기보다는 전체를 묶어내는 랜드스케이프를 상상하고 있다.
쉽게는 클러스터 개념으로 봐도 좋을 것이다.

재료. 한계를 넘어

이번 프로젝트는 건축가로서 늘 꿈꿔오던, 그러나 아직 이루지
못한 실험에 관한 도전이었다. 그것은 하나의 덩어리가 전체를
이루는 방법에 관한 이야기다. 표면을 모듈화하되 이음새나
접합부 없이 매끈하게 하나의 표면으로 인식할 수 있도록 만드는
것이다. 전작에서는 기술적, 경제적, 기능적 한계 때문에 결국
부분의 집합으로 전체를 드러내곤 했다. 그래서 필연적으로
표면을 모듈화하고 지오메트릭화하는 시도가 뒤따라야 했다.
예컨대 서울웨이브나 다른 작품에서 부분적인 요소들의 집합과
질서가 하나의 큰 형태를 만들어 가는 방식을 취했다. 판교에
위치한 K씨 주택 내 휴게공간에서도 이음새 없는 하나의 월을
만들고 싶었지만 인조 대리석이 가진 물성, 시공법의 한계로
인해 표면을 조각내고 그 사이에 기능성을 심어 보완하는 방식을
택했다. 메타 디 클리닉치과 인테리어에서도 벽면의 목재를 3D
굴곡으로 입체화하되 매끄러운 표면의 잇몸과도 같은 하나의

지면 레벨에서 400mm 정도 아래로 모놀리틱 스톤의 터를 잡았다. 어머니의 동굴로
향하는 길이 내리막이었듯이 얕지만 그 흐름을 가져오고자 했다.

   The foundation for the Monolithic Stone was placed about 400mm below the
ground level. Just as the path to the mother's cave was downhill, the architect wanted to
bring that flow, however shallow, with the structure.

덩어리로 읽히게 했다.

몰드는 모델링값에 따라 정교하게 제작했다. 이 건물은 모든 면이 곡면이기에 약간의 오차만 발생해도 유려한 곡면에 띠와 같은 경계가 생긴다. 이를 방지하기 위해 모두 수작업으로 했다. 일정한 사이즈로 분할하여 제작한 후 각각의 조각을 이어 붙이는 방식이었다. 현장의 변수를 최소화하고 작업의 완성도를 높이기 위해 시뮬레이션을 반복했다. 내외부 몰드의 형태와 간격 등이 서로 맞는지, 하나의 덩어리를 이루는 과정에서 발생 가능한 변수를 계속 체크했다.

수많은 시뮬레이션을 거쳐 제작한 거대한 거푸집을 현장까지 옮기는 여정도 쉽지 않았다. 모든 결합 과정을 공장에서 진행하면 좋았겠지만 타설을 고려하면 외부 몰드를 반드시 현장에서 결합해야 했다. 내부 몰드도 일반 트럭에는 실을 수 없는 크기라 트레일러로 현장으로 옮기고 철저한 검토하에 시공했다.

이런 실험 끝에 모놀리틱 스톤은 완벽한 하나의 덩어리로 구현됐다. 그것이 '모놀리틱'이란 이름에 담긴 뜻이기도 하다. 건물의 규모는 작지만 개인적으로 의미가 큰 한 걸음이다.

일상.

예배실이 지어진 이후 건축주와 나는 인간적으로 더욱 친밀해졌다. 건축주는 이 건물에 대해 내가 희망하고 예상했던 것보다 더 큰 애착을 갖고 있다. 사업하는 사람으로서 커다란 결정 전에 그는 꼭 예배실에 들어가 기도와 성경책 통독을 한다고 전했다. 종종 서울에 출장 온 그는 나를 만나 식사와 술을 함께할 때면 이런 자신의 생활과 애정을 낱낱이 풀어놓는다.

2년이 지난 지금도 이 건물은 어제 완공된 듯한 모습으로 있다. 심지어 티크(teak)로 마감한 200kg의 문조차 아직 그 날의 색깔을 띠고 있다. 건축주가 통독하러 들어가서 어머니의 보살핌을 받고 아이로 나오는 상상을 해본다. 그 아이에게 어머니와의 시간이 머무는 공간이 되길 염원한다.

The Land.   11 of 1,320,000 square metres

I have been pursuing architecture, where one material is a space. How can a single surface complete a space, and how will the user receive it? The Monolithic Stone was an attempt to answer this question. This article is a collection of thoughts and decisions I had while creating a small, narrow chapel with a building area of 11m² on a 1,320,000m² site in Gijang-gun, Busan. The project was not about designing a home for a family, a public space like a cultural or commercial facility, or a spiritual space for a group of people like a religious institution. Instead, it was a private chapel for a single person, the client. I had a special relationship with the client, who had shared a personal story about the land he owned. It led me to suggest creating a small prayer room that would spatially and visually evoke the one his mother had used. It could have been bigger, grander, and more ornate, but I wanted to spatialise and visualise the new chapel like the small prayer room his mother had previously occupied.

The site is located in Chulma-myeon, Gijang-gun, Busan. I vividly remember the first field trip to the site. I've been to Busan often, but this was my first time there. After boarding the KTX from Seoul to Ulsan, since the owner said it was closer to Ulsan Station than Busan Station, and taking a 30-minute taxi ride, I arrived at a small, isolated village surrounded by mountains. When I arrived at my destination, I looked around wide-eyed in amazement. The entire taxi ride was filled with sandwich-panelled factories and flimsy buildings, but when we arrived, it was a pristine landscape. The 1,320,000m² plot of land was similar in size to a golf course, but unlike artificially designed golf courses, it was different, fresh and raw. Instead, it more closely resembled the image of the Demilitarized Zone (DMZ). I was later told that the forest had been off-limits to development for so long that it had

모놀리틱 스톤은 하나의 재료와 표면으로 공간을 완결할 수 있는 구법과 방식이 무엇인지 질문하고 실현해보는 시도였다.

What methods can complete space with a single material and surface? The Monolithic Stone was an attempt to answer this question.

remained intact and untouched by human development.

The owner had built a small house with a pond on the property, and he wanted to create a chapel as a way of remembering his late mother and practising his own faith. The location chosen for the chapel was next to the hobby room overlooking the pond. It was a small plot of land that was just the right size for the owner, and it was in line with his plans to remodel the house, build a new building on the pond, and turn the area into reception hall in the future.

The Function.   A Chapel for Just One Person

It may seem small, but there's a reason for its size. The chapel was built to honour the memory of the owner's mother, who spent hours every day in a small cave beside their home, reading *the Bible* and praying. Once she was in, she never came out of that cave quickly. She was always in it from sunset to moonrise, reading *the Bible* and praying. The owner, the youngest son who lost his father at an early age and grew up with his mother, wanted to capture the essence of his mother's cave in the chapel, which he named the Monolithic Stone. So the Monolithic Stone had to be the prototype for an unadorned chapel that would hold only those memories and emotions. The memory of her mother's cave, a place of austerity, is homaged in Monolithic Stone.

Knowing this background, I realised that, like a custom-made garment, the space should have the functionality and scale of a single owner. The doorway to the chapel is barely wide enough for the owner to pass through, and the room is only as expansive as necessary to accommodate his height and shoulder width when he's seated. If the builder had been a smaller person, the doors and spaces would have been smaller. Like the owner's mother's cave, the low doorway and minimal interior features create a sense of

이 공간은 어머니에 대한 건축주의 기억을 꾸밈 없이 담는 형태이어야 했다. 이에 건축가는 건축주가 가지고 있는 검박한 어머니의 농굴 이미지를 단순한 형태의 바위로 오마주했다.

    The Monolithic Stone was to be an unadorned representation of the owner's memory of his mother. The memory of her mother's cave, a place of austerity, is homaged as a stone.

discipline and humility. So I planned for something other than skylights or air conditioning. While the owner didn't have many functional requirements for the building, I studied his usage patterns as an architect and suggested keeping the features to a minimum. The chapel is bright enough for the owner to read at night and is large enough for him to pray indoors and read *the Bible*, which he does about ten times a year.

My interest in Ultra High Performance Concrete (UHPC) led me to experiment with it for the chapel. I wanted to create a space where the texture and materiality of the structure were the decoration and where the atmosphere created by the mass contributed to the purpose of the building. So I wanted to implement a chunk of UHPC without a hitch.

The owner recently spent six days and nights in the Monolithic Stone, reading *the Bible* for the tenth time since the chapel was built in 2020. Imagining the owner spending 10–15 hours daily in the tiny space makes me solemn.

The Form.   A Metaphor of a Stone

The name Monolithic Stone refers more to the story of the owner's mother than to the shape of the structure. He didn't need a rock in the shape of a rock; he needed one to honour his mother and provide a space for himself. For the owner, praying in this place is like a child praying in his mother's arms. As he enters, the Monolithic Stone seems to open its hand to embrace him, at least for a moment. The narrow, low doorway was designed by imagining the architect as a four-foot-tall child decades ago. While some may think the door is too narrow, it was intentional. I wanted the owner to feel uncomfortable when walking through the door, hunching his shoulders and keeping his head down to feel the sensation of entering and leaving. For old times' sake, the doors

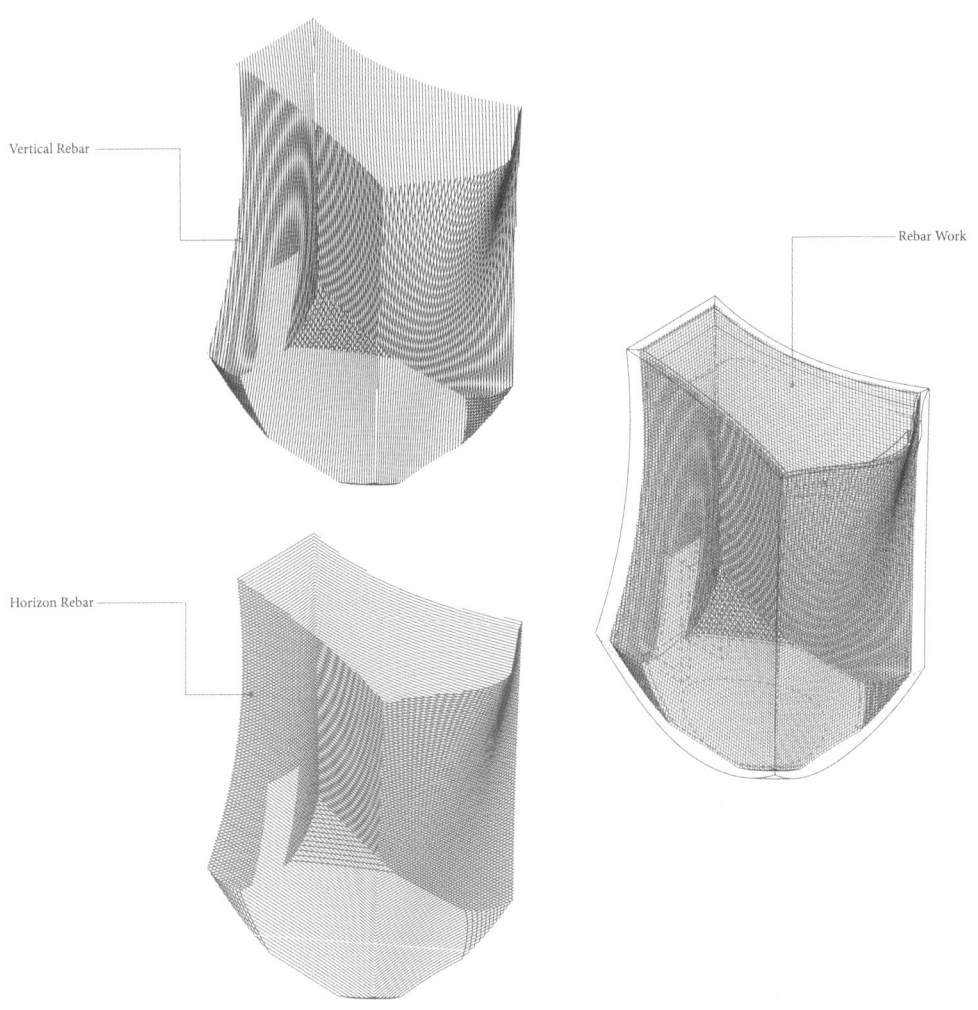

별도의 장식 없이 구조체의 양감과 물성으로만 건축을 만들고자 초고성능 콘크리트(UHPC)를 재료로 택했다.
    Creating a structure with only the texture and materiality of the structure, without any decoration, led to using UHPC.

were made quite heavy, weighing about 200 kilogrammes.

The interior space can be described as the personification of the architect. It feels like a cross between a church nave and an altar, allowing the 6-foot-5 owner to sit, pray, and even lie back for a while. The width is such that one can barely touch the wall with fingertips when spreading arms from side to side.

There's a story behind this form–a subtle difference that is hard to notice, even if you look closely. It can only be found by someone with good eyesight in a specific location and could even be attributed to faulty construction. It's the fact that the curvature of the left and right sides is asymmetrical. (Of course, I wasn't going for the gorgeous asymmetry of a Frank Gehry building). Since everyone is asymmetrical, with a different left and right side, and anything will wear out with frequent use, I wanted to project a self-portrait of us as we strive for symmetry but fail to achieve it. The owner may not know yet, but I may tell him the story. "Did you know that?" I might ask. The owner will look around and say, "Really?"

The Production.   A Challenge on UHPC

After deciding to use UHPC, I carefully considered the construction method and ultimately chose the most challenging one. I wanted to create a seamless, finished mass. While I had completed a few design-build projects using UHPC, creating a single surface presented a unique challenge.

We began with mock-ups and researched construction methods that would allow for the seamless, unobtrusive nature of exposed concrete. The building's shape and formwork had to be modified several times to enable pouring in one go, and the key was to ensure that the liquid UHPC would not tip to one side once poured. If the concrete falls to one side, the load will increase, and

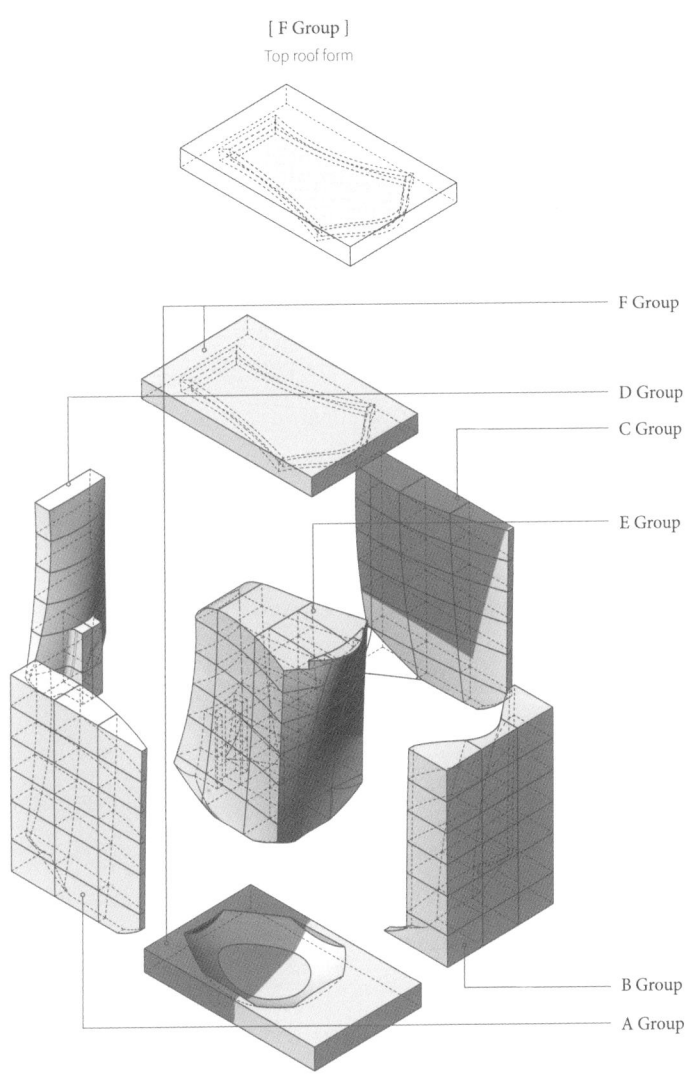

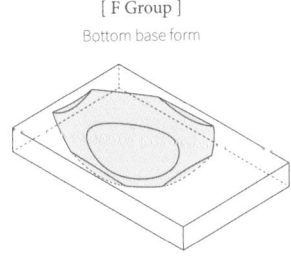

3D 모델링을 통해 거푸집 몰드의 적정 값을 찾고 정교하게 제작했다. 내외부 몰드의 형태와 간격이 서로 맞는지 등 발생 가능한 변수를 교차 검증했음은 물론이다.
　　The formwork moulds are precisely made according to the modelling values. Possible variables were constantly checked to ensure that the shape and spacing of the inner and outer moulds matched each other.

in the worst-case scenario, the formwork could burst. To simulate this, we moulded 20 to 30 chunks of Styrofoam beforehand and added fibreglass for strength to avoid surprises.

Pouring the interior walls proved to be another challenge. To be honest, the current interior walls of the chapel resulted from hasty changes during construction. Initially, the inner wall was supposed to be the same shape as the outer wall, but during the pouring process, the UHPC load needed to be balanced, and the formwork kept bursting. Despite my best efforts to calculate, the variables in space and time didn't cooperate. We modified the inner wall to be a three-dimensional mass with different curvatures, setting a new curvature value to hold the centre of gravity on the inner wall and implementing it as a convex line. The result was a perfect balance. If you cut the structure in half, both halves would weigh the same.

Assembling the formwork module on-site took a week, with an additional day for mock-up and another day for pouring. The construction cost was approximately 70 million KRW per $3.3m^2$, making it a significant challenge and adventure for the owner, architect, and contractor.

The Archetype.   A Place for Inspiration

The inspiration for Monolithic Stone came from an architectural tour of Europe that I took with my staff in 2019. We explored and appreciated modern architecture in the UK, Germany, Switzerland, and elsewhere, and I was particularly impressed by a chapel by Swiss architect Peter Zumthor.

The first of his works I visited was the Bruder Klaus Field Chapel in Germany. When I entered the destination in the navigation system from the starting point, it said 122 kilometres, so I thought it was about the distance from Seoul to Daejeon,

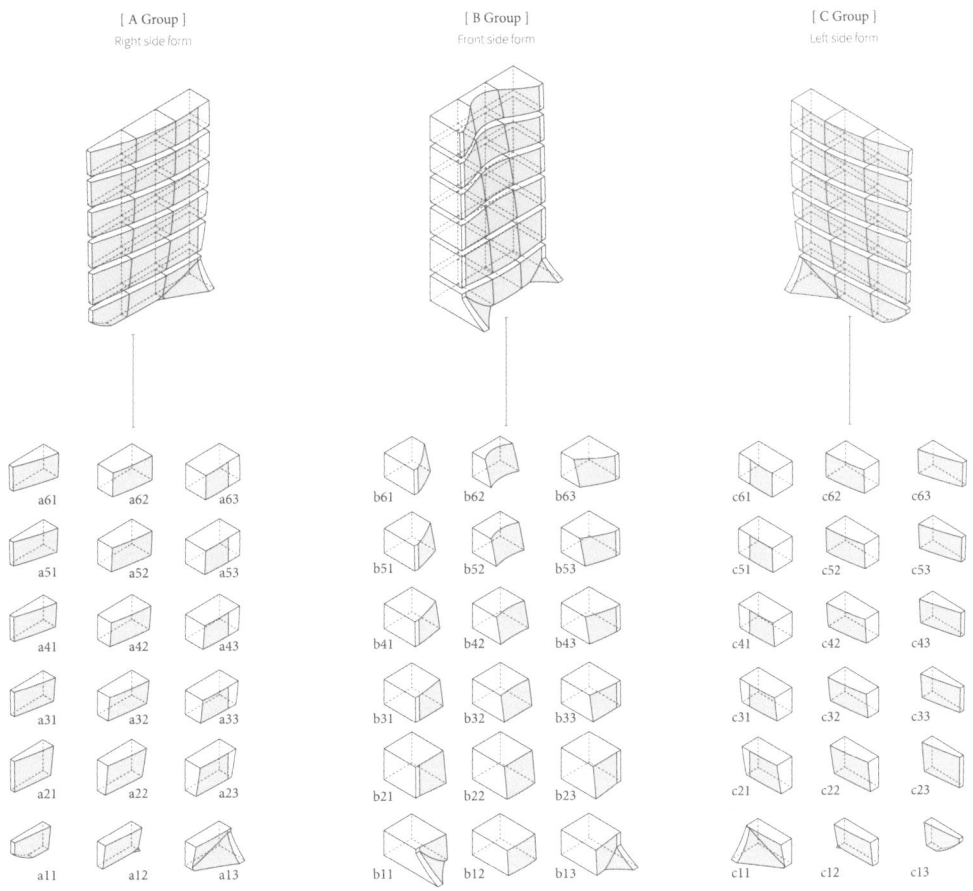

콘크리트를 부을 수 있는 삼차원 곡면의 거푸집을 만들기 위해 고강도 스티로폼을 열선으로 깎아내는 등 거푸집 몰드 제작에 정성을 쏟았다.

To create a three-dimensional curved formwork, high-strength Styrofoam was cut by infrared rays to make a formwork mould into which concrete could be poured.

which usually takes around two hours, but it took 5–6 hours. Upon arrival, we first came to devote ourselves to the foreground of the church, which stands alone on a large expanse of land. The fatigue accumulated from travelling for so long flew away in an instant. As I crept along the trail, opened the thick, heavy triangular door, and pushed myself in, I couldn't think of any rhetoric to describe the tiny space. I felt a sense of reverence as I walked through the dim surroundings, following the glow of the candle at the far end. This experience inspired the design of the doorway in Monolithic Stone.

I also visited Saint Benedict Chapel in Switzerland. It was also 180 kilometres from the starting point and took 6 hours. Still, I can't describe the feeling I had when I saw the building. The harmony of dots, straight lines, and curves was designed to maximize the material's properties and minimize water marks.

Another space that has spiritual resonance for me is the Duomo di Firenze in Florence, Italy. From before I studied architecture to now as an architect, the Duomo in Florence has permanently moved me, having experienced it on five trips to Florence. When studying architecture, I used to look at the millions of bricks that make up a dome and figure out how to create the same look with a single block of concrete.

In Korea, architect Jun Itami's Wind Museum is deeply imprinted in my mind. It looks big in the picture, but in person, it was smaller than I thought. But the walled-in space was powerful, filled with light falling from a circular sky. It was the power of shadow and light.

Light. Editing Light

Light has always been an essential factor in my design process. For each project, I carefully consider the direction, movement, and depth of light to determine the optimal position for windows.

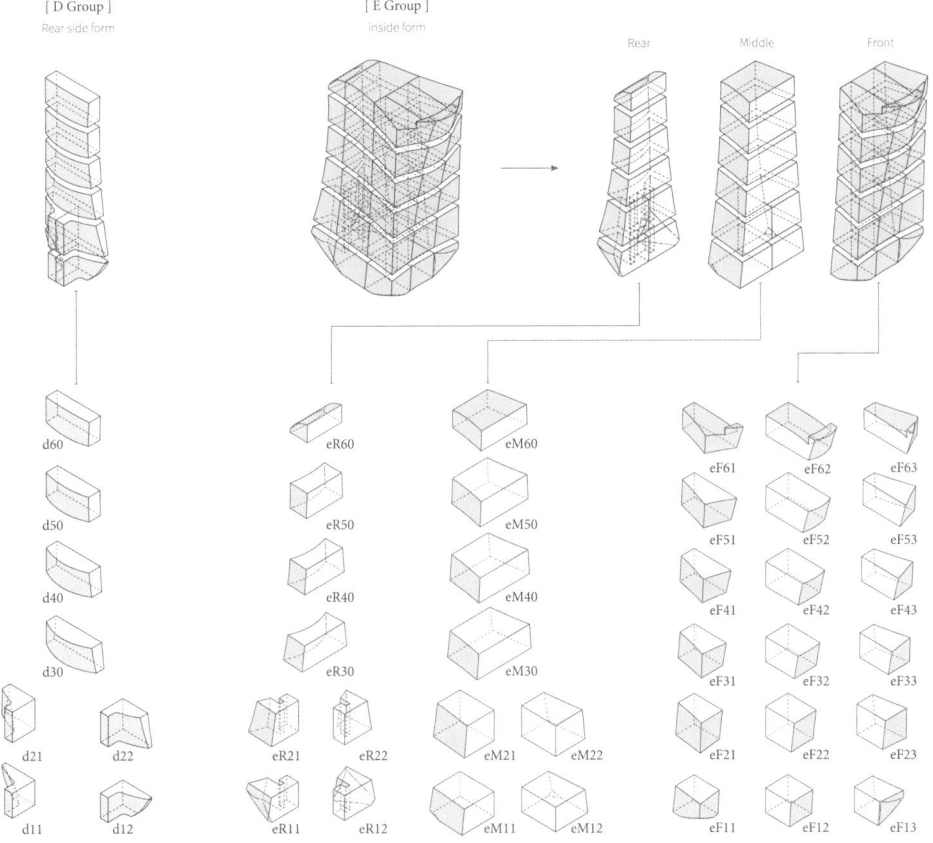

수많은 시뮬레이션을 거쳐 제작한 삼차원 거푸집을 현장까지 옮기는 여정도 쉽지 않았다. 거대한 크기 때문이었는데, 이에 선축가와 시공팀은 거푸집을 공장에서 일정한 크기로 분할하여 제작한 후 현장에서 모듈을 이어 붙였다.

Transporting the massive formwork to the site was a challenging task too. The three-dimensional formwork was made in the factory, split into regular-sized pieces, and joined on-site.

Sometimes, the design of the window itself is specific to the physical space, such as in the recently completed gallery project, Space Shinseon. In this project, the windows were designed to resemble those in Edward Hopper's paintings to bring westward light into the room.

Light is essential, especially in houses of worship. The same is true for the Monolithic Stone. Although there is only one skylight, I paid close attention to simulating the amount and angle of light at different times of the day and seasons. I prefer the way that angled light bounces off walls to direct sunlight at noon. When light scatters on walls with different curvatures, it creates a dancing effect, which is fascinating to observe. It's also interesting to see how the light changes throughout the day, creating asymmetrical symmetry and forming crescent shapes. While these changes in light are coincidental, a lot of scientific validation, including materials research and structural calculations, goes into simulating and experimenting with light to achieve the desired effect. The exterior of the Monolithic Stone is full of light to accept shadows, while the interior is intended to emphasise the shadows and receive light. The inside and outside are each subjected to extremes, as the whole is composed of a single plane with no disparate materials or properties.

The space is minimal, but traces of light create various landscapes by chance. Still, as an architect, I wish that the simulation and experimentation of light had been more actively incorporated into the plan.

Landscape. A Floating Rock

The landscape for Monolithic Stone required a slightly different perspective. It wasn't just about tree species and planting. I thought long and hard about the way architecture meets the land. The

건축가는 건축물과 땅이 만나는 방식에 관해 오래 고심했다. 초기에는 잔디밭와 얇은 선으로 경계를 구분하려고 했다가 시공 과정에서 그 경계와 영역성이 지금처럼 변경됐다.
　　The architects thought long and hard about the way architecture meets the land. Initially, he tried to demarcate the boundaries with lawns and thin lines, but during construction, the borders and territoriality changed to what they are now.

Monolithic Stone sits little ways down from the house's front yard, halfway to the pond. The chapel was positioned as a loose link in the relationship of the entire site, considering the buildings that would be constructed around it in the future. At the same time, it was a transitional period, and the building needed an iconic place. So I set the foundation for the Monolithic Stone about 400mm below the ground level in the front yard. Just as the path to the mother's cave was downhill, I wanted to bring that flow, however shallow, with the structure. Descend the three flights of stairs to reach the entrance to the chapel. It allowed us to achieve a more dramatic effect. A one-metre radius around the structure was covered with weatherproof steel sheeting to create a rock territory, and then white gravel was laid down. Initially, we tried to demarcate the boundaries with lawns and thin lines, but during construction, the borders and territoriality changed to what they are now.

From a landscape perspective, we can't forget about the pine tree on the right. In the early afternoon, just past noon, the shadows of these pine trees cast a shadow on the Monolithic Stone exterior walls. The landscape is so poetic; it's like looking at different architecture. Like a painting on a canvas, the ever-changing scenes seem to represent the breath and touch of a living, breathing mother. If the building had been shifted just two metres to the left, we wouldn't have been able to see this view.

I envision landscaping and lighting on a broader scale, tying the whole together rather than compartmentalising it. Or, it can be considered as a cluster.

Materials.   Beyond the Limit

This project was a challenge to experiment with, something I've always dreamed of doing as an architect but have yet to

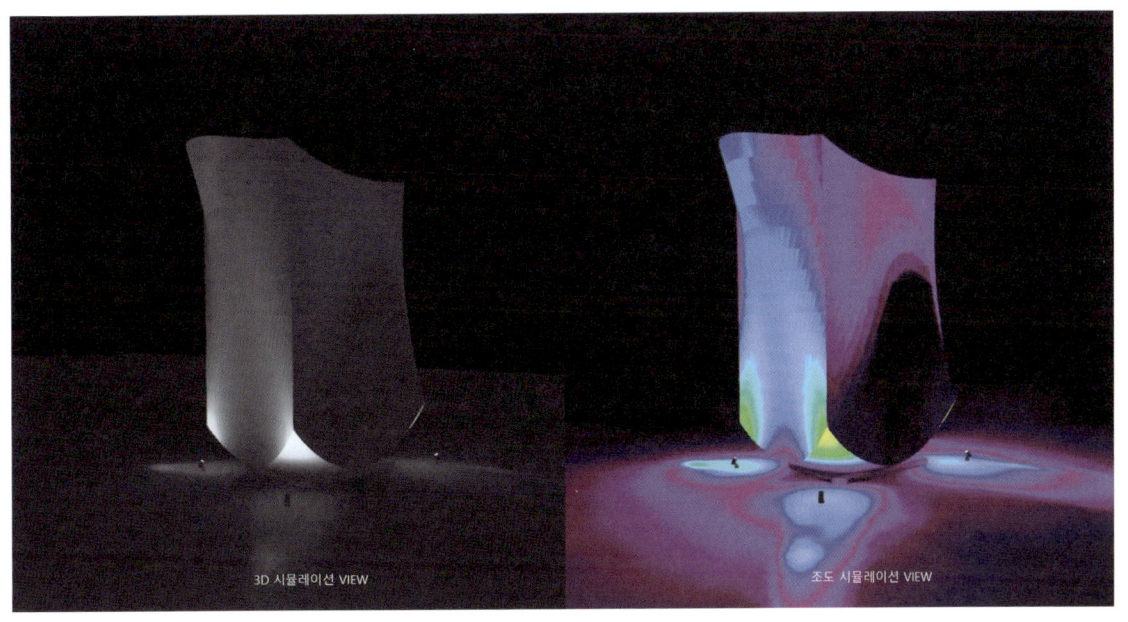

건물의 모든 면이 곡면이었기 때문에 조명의 위치와 빛의 확산 정도를 섬세하게 시뮬레이션해야 했다.
　　　　Since all the surfaces in the building were curved, it had to be carefully simulated the positioning of the lights and the spread of light.

accomplish. It's about how the mass makes a whole. The idea is to modularise the surface, making it recognisable as one seamless surface with no seams or joints. In our previous work, we've often ended up revealing the whole as a collection of parts due to technical, economic, and functional limitations. It was inevitably followed by an attempt to modularise and geometrise the surface. For example, in Seoul Wave and other works, you may have seen how the assembly and order of partial elements create a larger form. In the common area of Mr K's house in Pangyo, we wanted to create a single seamless wall. Still, due to faux marble's physical properties and the construction method's limitations, we chose to compensate by slicing the surface and inserting functionality in between. In the Meta D Dental Clinic interior, the wood on the walls is materialized with 3D curves but reads as a single mass, like gum on a smooth surface.

The moulds are finely crafted based on the modelling values. The building is curved on all sides, so the slightest error would result in a band-like border on the smooth curves, which we did all by hand to avoid. The idea was to build it in sections of a specific size and then glue the pieces together. We repeated the simulation to minimize variables in the field and perfect our work. I kept checking the shape and spacing of the inner and outer moulds to ensure they fit together, as well as any variables that might arise in forming a single mass.

Transporting the massive formwork to the site was a challenging task too. It would have been nice to do all the joining in the factory, but given the pour, the outer moulds had to be joined on-site. The interior moulds were too large to fit in a regular truck, so they were brought to the site on a trailer for a thorough review.

After all of this experimentation, the Monolithic Stone was

정오가 막 지난 이른 오후에는 소나무 그림자가 모놀리틱 스톤 외벽에 드리워진다. 그 풍경이 매우 시적이어서 마치 전혀 다른 건축물을 보는 것 같다.

In the early afternoon, just past noon, the shadows of these pine trees cast a shadow on the Monolithic Stone exterior walls. The landscape is so poetic; it's like looking at different architecture.

a seamless whole. That's what the name 'monolithic' means. The building was a small but personally meaningful step for me.

Everyday Life.

After this work, the owner and I became more connected on a human level. The owner has a greater attachment to the building than I had hoped and expected. As an entrepreneur, he said that he always goes into the chapel to pray and read before making big decisions. He often travels to Seoul on business, and when he meets me for a meal and a drink, he opens up about his life within the building and his affection for it.

Two years later, the building still looks like it was completed yesterday. Even the 200kg door, finished in teak, still has the colour of the day. I imagine the owner going in for a reading and coming out as a child under the care of his mother. I want this to be a place for him to remember his time with his mother.

건축주는 때때로 이곳에서 하루에 10시간 이상을 머물며 기도와 성경 봉독을 이어가곤 한다.

The Client sometimes spends more than 10 hours a day here, making prayer and *Bible* reading part of his daily routine.

critique

비평

The Monolithic Stone :
Variations of Demodules and Differential Geometry

Chun Eui Young (Professor, Kyonggi University; President, Korean Institute of Architects)

"Planes and cylinders have zero Gaussian curvature everywhere. Gaussian curvature can also be negative, as in the case of hyperbolic surfaces or the interior of a torus. Gaussian curvature is a measure of curvature that depends only on the distance measured 'within' or 'along' a surface rather than how it is isometrically contained in Euclidean space. In Introduction to *Differential Geometry* (McGraw-Hill Book Company, 1969), Martin Lipschutz writes that "the Gaussian curvature of a surface can be expressed in terms of the coefficients of its first fundamental form and its one-dimensional functions of the first and second order". It tells us that Gaussian curvature is invariant under an equidistant transformation of a surface. Gaussian curvature is named after Carl F. Gauss, who published *the Theorema egregium* (Ernan's Theorem) in 1827."
— Wikipedia

Chun Eui Young is the President of the Korean Institute of Architects (KIA), the Presidential Co-Chair of the Federation of Institutes of Korea Architects (FIKA), and a Professor of Architecture at Kyonggi University. He graduated from Seoul National University with a BA in Architecture and received his MA from Harvard Graduate School and PhD from Seoul National University. He served as the Master Architect for the new office buildings in Gyeonggi Convergence Town, which houses the Gyeonggi-do Provincial Government and Council; the General Director of Seoul Design Olympics 2009; the General Director of Gwangju Poly III; the Public Architect of Seoul Metropolitan Government; the Chairman of the Planning and Public Relations Committee of the UIA 2017 Seoul World Architects Congress; and the Local Organising Committee of 2018 International Symposium on Architectural Interchanges in Asia (ISAIA 2018).

모놀리틱 스톤 :
탈모듈과 미분기하학의 변주

천의영(경기대학교 교수, 한국건축가협회 회장)

"평면과 원통은 모든 곳에서 가우스 곡률이 0이다. 가우스 곡률은 쌍곡면이나 토러스 내부의 경우처럼 음수일 수도 있다. 가우스 곡률은 유클리드 공간에 아이소메트릭으로 포함된 방식이 아니라 '표면 내에서' 또는 '표면을 따라' 측정된 거리에만 의존하는 곡률의 측정 정도이다. 마틴 립슈츠(Martin Lipschutz)는 《미분기하학개론》에서 '어떤 곡면의 가우스 곡률은 그 제1기본형식의 계수들과 그 1·2계 편도함수만으로 표현 가능하다'고 했다. 이를 통해 가우스 곡률은 곡면의 등거리변환에 불변이라는 사실을 알 수 있다. 가우스 곡률은 1827년 테오레마 에그레기움(Theorema egregium, 빼어난 정리)을 발표한 가우스(Carl F. Gauss)의 이름을 따서 명명되었다."

― 위키백과

천의영은 현재 한국건축가협회 회장이며 동시에 한국건축단체연합(FIKA)의 대표 공동회장으로, 경기대학교 건축학과 교수로 재직하고 있다. 서울대학교 건축학과를 졸업하고 하버드 대학원에서 석사학위, 서울대학교 대학원에서 박사학위를 받았다. 경기도 신청사와 의회 등이 입주한 경기융합타운 신청사의 마스터 아키텍트(Master Architect)와 서울디자인올림픽 2009 총감독, 광주폴리III 총감독, 서울시 공공건축가, UIA 2017 서울세계건축대회 조직위원회 기획홍보위원장, 2018년 아시아건축교류국제심포지엄(ISAIA 2018)의 로컬 조직위원장 등을 역임한 바 있다.

나무와 나무 사이

처음 모놀리틱 스톤을 방문한 건 2022년 8월 10일 여름이 한창일 때였다. 한국건축가협회의 부산 방문 일정과 겸해 마음속에 내내 담아왔던 이곳을 건축가와 함께 찾아갔다. 부산의 예배실이라는 이야기를 듣고서는 해안가 아니면 도심이겠거니 했는데 기대와 달리 우리는 한적한 산골로 향했다. 잠시 작은 시골 마을에 들려 연잎밥으로 점심을 해결한 때 말고는 내 머릿속엔 과연 이 오지에 무슨 예배실이 있을까에 대한 궁금증만 가득했다. 언덕을 올라 숲으로 들어갔다. 그리고 한참 후 당도한 주택의 낮은 언덕 아래에 조용히 자리 잡고 있는 '거석'을 보았다. 놀랍고도 의아했다.

건축주가 건축과 예술에 관심이 많을 것 같았고, 건축가와 건축주 둘의 관계도 매우 각별할 것 같았다. 작지만 특별한 이 예배실이 그리 말해주는 듯했다. 건축주는 사단법인 부산미술관회 이형주 이사장(실로암공원묘원재단 이사장)이다. 그가 서울에 올라와 건축가와 함께 시간을 보내면서 그의 바람이었던 작은 예배실을 건축가의 기획과 설계로 현실화했다. 건축주는 어머니가 누나에게 양도한 부산시 기장군 철마면 이곡리 일대의 땅을 다시 매입하고 그 자리에 3채의 건물을 지은 다음 집 바로 인근에 3평 반 남짓의 예배실을 지었다. 실로암공원묘원재단을 평생 일구어 온 어머니를 기리고자 하는 마음이었다.

인근이 개발제한구역이고, 상수원보호구역 경계에 위치한 땅이어서 예배실의 자리를 선정하는 게 쉽지 않았다고 한다. 결국 기존 건물 사이의 타원형 마당 앞쪽에 있는 2그루의 나무 사이에 거석 같은 예배실이 앉았다. 대지의 특성으로 인해 다소 비좁은 자리에 들어간 느낌이다. 하지만 결과적으로 방문한 그날, 나는 늦은 오후의 석양과 나무 그림자가 거석 표면에 드리운 풍광에 크게 감동했다. 밝게 빛나는 매끈하고도 기하학적인 표면과 바람에 흔들리는 짙은 나무 그림자가 만들어낸 대조는 예상을 뛰어넘는 자연과 건축의 변주 그 자체였다.

Among Trees

My first visit to the Monolithic Stone was on August 10, 2022, at the height of summer. It coincided with the Korean Institute of Architects' visit to Busan, and I visited the place I had been longing to see the architect. When I heard about "a chapel in Busan," I expected it to be on the waterfront or in the city centre, but contrary to my expectations, we headed to a secluded mountain village. Aside from a brief stop at a small rural village for a lunch of lotus leaf rice, my mind was filled with questions about what kind of place of worship could be found in the middle of nowhere. We climbed the hill and entered the forest. After a while, I saw the 'megalith' sitting quietly at the bottom of a low hill from the house we were staying at. I was surprised and puzzled.

I knew that the owner was very interested in architecture and art, and I knew that the relationship between the architect and the owner would be extraordinary. This small but unique chapel said it all. The owner is Lee Hyungjoo, Chairman of the Busan Museum of Art Supporters (as well as the Chairman of the Siloam Memorial Park Foundation). When he came to Seoul and spent time with the architect, his desire for a small chapel became a reality with the architect's planning and design. The owner repurchased the land in Igok-ri, Cheolma-myeon, Gijang-gun, Busan, which his mother had transferred to his sister, and built three buildings on the site, then made an eleven square metre chapel right next to the house. He wanted to honour his mother, a lifelong supporter of the Siloam Memorial Park Foundation.

Choosing a location for the chapel wasn't easy because the surrounding area is a restricted development area and borders a water conservation area. Eventually, a megalithic chapel sat between two trees at the front of the oval yard between the

미분기하학에 대한 관심

삼차원 곡면으로 이음매 없는 매끄러운 표면을 구체화해 공간을 만들자는 생각은 초고성능 콘크리트(UHPC, Ultra High Performance Concrete)라는 재료 사용으로 이어졌다. UHPC는 두껍게 타설된 콘크리트를 종이처럼 얇게 만들어 공간을 확보하고 구조를 보다 견고하게 한다. 이는 건축가가 평소 관심을 가졌던 미분기하학(differential geometry)의 형상과도 관련이 있다. 미분기하학은 곡선, 곡면 따위의 성질을 연구하는 학문이다. 지도 제작기법과도 연관된 개념으로, 지도 투영도 삼차원 지구를 이차원 평면에 일정한 축적과 형식으로 표현하기 위해 미분기하학을 쓴다. 국내 지형도, 지질도 등 많은 지도도 헤라르뒤스 메르카토르(Gerardus Mercator)가 고안한 횡축 메르카토르(TM, Transverse Mercator) 투영 기법에 기반한 것이다. 이러한 방식에 기반한 고강도 콘크리트의 모폴로지컬 연산(morphological operations)을 통해 형태와 구조 사이의 통합성과 함께 새로운 가우스 곡률의 변이형상을 만들어 냈다. 최근 사무소명을 초일로에이플러스유에서 DFFPM(Differential Permanence, 미분적 영속성)이라고 바꾼 것을 보면 건축가의 이와 같은 관심을 추측할 수 있다. 표면과 공간의 구조적 통합성이 상호작용을 통해 예배실이라는 거석형 단일 구체의 공간 볼륨을 만들어냈다.

설계와 구축 사이

청담동에 위치한 건축가의 사무실 맞은편에는 송판무늬로 스킨의 구축성과 콘크리트의 가능성을 실험한 송은아트스페이스(헤르조그 앤 드 뫼롱 설계)가 있다. 조신형은 UHPC를 사용해 이와는 또 다른 비정형 콘크리트 건축에 도전한 것이다. 우리에게는 이미 건축가 김찬중이 설계한 울릉도의 힐링스테이 코스모스 등으로 익히 알려진 재료이다. 다만, 아직 고가의 재료라 일반 공사에서는 자주 볼 수 없다. 나는 음성군의 한국대종은 공장을 방문했을 때, 건축가 조민석이 네이버 데이터센터 각 세종의 숙소 건물에 사용할 테스트 모듈을 만드는 현장을 본 적이 있다. 캐나다 고층 건물의 피사드

existing buildings. Due to the nature of the land, it feels somewhat cramped. However, on the day of my visit, I ended up being blown away by the late afternoon sunset and the way the shadows of the trees cast themselves across the surface of the megaliths. The contrast between the brightly lit, smooth, geometric surfaces and the dark tree shadows swaying in the wind was an unexpected twist on nature and architecture.

An Interest in Differential Geometry

Creating space by materialising a seamless surface with a three-dimensional curved surface led to the use of Ultra High Performance Concrete (UHPC) material. This material makes a thickly poured concrete thin like paper to create more space and solidify the structure. It's also related to a form of differential geometry that the architect was interested in. Differential geometry is the study of the properties of curves and surfaces. Also related to cartography, map projection uses differential geometry to represent the three-dimensional Earth in a two-dimensional plane with a particular accumulation and format. Many maps, including topographic and geological maps of Korea, are based on the Transverse Mercator (TM) projection technique invented by Gerardus Mercator. Morphological operations on high-strength concrete based on this approach have led to new variants of Gaussian curvature along with the integration of form and structure. The office's recent name change from Cho.Helo A + U to DFFPM (Differential Permanence) indicates such interest in differential geometry. The structural unity of the surfaces and spaces, interactively creates the spatial volume of the single megalith sphere of the chapel.

요소로 국내에서 수출까지 하는 것을 보고 적지 않게 놀랐다.

건축가 조신형은 처음에는 청담동의 하우스 오브 디올(크리스티앙 드 포잠박 설계)처럼 공장에서 사전 제작해 건식으로 현장 조립하는 방법을 생각했다고 하나 운반 차량이 원활하게 드나들 만큼 진입로가 넓지 않아 현장에서 타설하기로 했다고 한다. 이런 현장 타설에는 형태를 만들어내는 거푸집 작업이 중요하다. 따라서 삼차원 곡면의 거푸집을 만들기 위해 고강도 스티로폼을 열선으로 깎아내며 콘크리트를 부을 수 있는 거푸집 몰드 제작에 정성을 쏟았다. 다만, 산화제, 인장재, 유리섬유 등을 섞은 콘크리트 양생 과정을 통해 자연스럽게 최종 형태가 미세하지만 부분적으로 변형되었을 것이다. 최초 타설하고 3시간 후 다시 콘크리트를 붓는 과정을 거듭하며 총 3일간 심혈을 기울인 끝에 형태가 완성되었다고 한다. 경기도의 스튜디오미콘 공장에서 출발한 레미콘 차량이 자재를 부산까지 운반하고 이를 수공예 하듯 미술 작품처럼 시공했다. 설계사와 시공사의 혼연일체 없이는 불가능했을 작업이다. 비용 또한 3억 원 가까이 들었으니 평당 1억 원이 들어간 조각 작품이나 다름없는 훌륭한 건축 폴리(folly)의 하나이다. 특히 진입로가 좁아 현장 인근에서 소규모 차량으로 짐을 분배해 옮겼다는 이야기를 들으니 이들의 시공 과정 전체가 설계와 건설을 포괄하는 구축적 통합 작업으로 보인다.

건축가 조신형은 예배실 출입문을 매우 무겁게 만들어 조금만 밀고 들어가는 공간을 상상했다. 그는 영국 건축가 노먼 포스터 사무실에서 오랫동안 작업하면서 대칭과 비대칭의 요소 그리고 '이음매 없는(seamless)' 구축적 재료의 가소성에 특별한 관심이 있었다. 그러면서 일반 콘크리트와 달리 정밀도나 구축의 경쾌함에서 촉각적 감성이 표현되는 재료를 상상하면서 UHPC에 주목했다. 이 재료의 가능성을 읽어내며 산차원 입체 현장 타설을 통해 일반적인 구축 방식을 벗어난 탈모듈화 구축의 새로운 가능성을 보여 주었다.

이는 50cm씩 지역의 흙과 콘크리트를 쌓아 24주간 12m를 올렸던 페터 춤토르의 브라더 클라우스 채플과는 접근이 다르다.

Across the street from the architect's office in Cheongdam-dong is Song Eun Art Space (designed by Herzog & de Meuron), which experimented with the constructibility of skin and the possibilities of concrete. Cho Shin Hyung has taken on another atypical concrete construction challenge by using UHPC. We're already familiar with the material from the Healing Stay Cosmos in Ulleungdo, designed by architect Kim Chanjoong. However, it's still an expensive material, so it's not often seen in general construction. When I visited a manufacturing plant called Korea DazhongEn in Eumseong, I saw architect Cho Minsuk create test modules for the housing buildings at GAK Sejong, the Naver data centre. I was greatly surprised to see it used as a façade element on a Canadian skyscraper and exported from Korea to Canada.

  The architect initially thought of prefabricating the structure in a factory and assembling it on-site, like the House of Dior in Cheongdam-dong (designed by Christian de Portzamparc), but decided to pour concrete on-site because the access road was not wide enough to allow trucks to easily enter and exit. Shaping formwork is essential for this type of cast-in-place. So, to create a three-dimensional curved formwork, high-strength Styrofoam was cut by infrared rays to create a formwork mould into which concrete could be poured. However, the curing process of concrete with oxidants, tensile materials, glass fibres, etc., would have naturally resulted in subtle but partial deformation of the final shape. It took three days painstaking effort — repeating the process of pouring the first concrete and waiting three hours before another pouring. A ready-mixed concrete vehicle from the Studio Miicon factory in Gyeonggi-do transported the materials to Busan, treating them like handmade works of art. It was only possible since the architects and contractors worked together as a

whole. It cost nearly 300 million KRW, so it's basically a sculptural piece of architectural folly that cost 100 million KRW per 3.3 m². Their entire construction process seems to be a constructive integration of design and construction, especially when considering the fact that they distributed loads in small vehicles around the site due to narrow access roads.

The architect said he envisioned a space where the doors to the chapel were so heavy that they could only be pushed open slightly. He worked for many years in the office of British architect Norman Foster, with a particular interest in elements of symmetry and asymmetry and the plasticity of 'seamless' constructive materials. He turned his attention to UHPC, imagining a material that, expresses a tactile sensibility in its precision and lightness of construction, unlike ordinary concrete. Finding the possibilities of the material, the three-dimensional cast-in-place demonstrated new opportunities for demodularised construction beyond the usual construction methods.

It is a different approach from Peter Zumthor's Brother Klaus Chapel, which rose 12m in 24 weeks by building up layers of local soil and concrete by 50cm. The architect says he was inspired by Zumthor's chapel, but the two buildings differ in form, function, and use. While Zumthor's chapel is centred on a public exterior space–a straight line on a field for outsiders to put on their shoes and visit for a while–contrary to the architect's initial intentions, the architect's chapel is an internalised prayer space, with a curved polygon of differential geometry and a beguiling symmetrical asymmetry. It is a daily space where the owner holds *Bible* readings in memory of his mother without shoes. For this reason, the architect's initial intention to externalise the building was lost, and various functions such as heating, cooling and

조신형 자신도 춤토르의 채플에서 영감을 받았다고 이야기하지만 두 건물에는 형태나 기능, 활용 면에서 큰 차이가 있다. 전자는 외부인이 신발을 신고 잠시 방문하는 벌판 위의 직선 형태, 즉 공적 외부공간 중심의 채플이라면, 후자는 미분기하학의 곡면다각형이 주는 묘한 대칭적 비대칭 형상을 보여주는, 건축가의 초기 의도와 다르게 내부화된 실내 기도공간이다. 이곳은 건축주가 신발을 벗은 채 자신의 어머니를 그리며 성경을 통독하는 일상공간이다. 이러한 이유로 외부화하려던 건축가의 초기 의도는 사라지고 건축주의 기도를 위한 냉난방, 조명 등의 기능이 추가되기도 했다. 하지만 오히려 공간의 경험이라는 측면에서는 더욱 풍요로워졌다. 내부 초승달 모양 천창의 빛이 콘크리트 벽면으로 흘러내리는 느낌이 이음매 없는 '매끈한 종이' 같은 재료를 통해 극적으로 전달된다. 이는 매우 특별한 경험이다.

픽셀화를 벗어난 새로운 구축방식에 대한 건축가의 고민은 부분과 전체라는 건축의 본질적인 주제들과 마주한다. 부분을 보지만 그것이 전체를 형성하는 주요한 요소로 출발하는 픽셀라이제이션(pixelization)이 벽돌 같은 재료의 건축물이 지니는 건축의 전통적인 주제이다. 한편 이곳 모놀리틱 스톤 내부가 건축주에게는 '결단의 공간'이라는 건축가의 설명이 흥미롭게 다가온다. 건축주는 이곳에서 성경을 통독하면서 자신의 중요한 의사 결정과 고민을 어머니라는 정신적 매개를 통해 해결한다고 한다. 이런 공간의 정서적 기능이 공사 과정을 거쳐 좀 더 구체화된 것은 아닐까. 따라서 천창도 에어컨도 없던 동굴 같은 초기 계획에서 천창을 내고 실내에 냉난방 설비와 조명을 둔 것은 건축가와 건축주의 타협이 만든 산물이라고 할 수 있다.

건축과 비건축 사이

이 글을 쓰면서 주목받는 한 건축가의 작품을 자세히 살펴볼 수 있어 매우 즐거웠다. 건축물뿐 아니라 건축가를 알아가는 의미 있는 기회이기도 했다. 조신형은 건축 설계뿐만 아니라 NFT, 수직정원, 스마트팜 등에 관한 연구를 지속해왔다. 그리고 건축제도 혁신은

lighting were added for the owner's prayers. But it enriches the experience of spatiality. Light from the internal crescent skylight cascades down the UHPC walls, dramatically transmitted through the seamless, smooth paper-like material. It's a unique experience.

The architect's search for a new way to build beyond pixelation confronts the fundamental themes of architecture: part and whole. Pixelisation, the idea of seeing parts but starting with the main elements that form the whole, is a traditional architectural theme manifested in materials like brick. On the other hand, it's interesting to read the architect's description of the Monolithic Stone interior as a space of decision for the owner. The owner says he reads the *Bible* here and resolves his important decisions and concerns through the spiritual medium of his mother. Has the emotional function of these spaces become more concrete through the construction process? So, from the initial cave-like plan with no facilities, adding the skylights, interior heating, and lighting results from a compromise between the architect and the owner.

Between Architecture and Non-Architecture

While writing this article, I had the pleasure of taking a closer look at the work of an up-and-coming architect. It was an excellent opportunity to get to know the architect and the building. In addition to architectural design, Cho Shin Hyung has continued his research on NFTs, vertical gardens, and smart farms. He said that he has been analysing urban spaces such as Buam-dong for a long time and innovating architectural systems. Architecture should lead the spatial transformation of the future, transforming into a spatial platform for innovations. While looking at the recent work of Danish architects Bjørnke Ingels Group (BIG) on future cities or the work of BTS, there is an urgent need for innovation

물론 부암동과 같은 도시 공간을 오래전부터 분석해왔다. 나는 건축이 새로운 혁신의 공간 플랫폼으로 변신하면서 미래의 공간적 변화를 주도해야 한다고 생각한다. 덴마크 건축가그룹 비야케 잉겔스그룹의 최근 미래도시 작업이나 BTS의 작업을 살펴보면 건축도 가치사슬의 혁신과 새로운 생산 방식이 필요하다고 절실하게 느낀다. 문제는 이를 해결할 수 있는 현실적인 대안을 만들지 못하고 있다는 것이다. 조신형과 이런 이야기를 한 적이 있다. 2005년 영국은 동유럽 이민자를 대거 받아들이며 한층 더 강해지는 계기를 만든 반면, 프랑스는 상대적으로 배타적이고 강한 노조가 불어의 사용에도 영향을 미쳤다. 이러한 배경에서 영국은 해리포터와 같은 영화가 등장하면서 세계 영화산업의 주류에 편입되는 계기를 마련했다. 어쩌면 한국 건축계도 국경을 넘어 더욱더 개방적인 인력 운용과 시스템 도입을 통해 새로운 미래를 준비해야 할 것이다. 다른 분야에서 이미 K-컬처라는 이름으로 세계와 공감하는 한국 문화들이 퍼져 나가고 있다. 부산에서 서울로 돌아오는 내내 뇌리에는 회색 벽에 드리워진 흔들리는 나무 그림자의 모습이 남아 있었다. 한국 건축가들이 이 같은 작업을 통해 단지 좁은 의미의 건축 전문가뿐만 아니라 우리 사회의 미래를 끌어가는 혁신가로서 세계 속에 자리매김하는 날이 오길 기대한다.

in the architectural value chain and new production methods. The problem is that we don't have a realistic alternative to solve it. I once had this conversation with Cho. In 2005, while the UK accepted a large number of East European immigrants, creating an opportunity for its union to become stronger, its relatively exclusive and strong union affected the usage of French. In this context, the UK has set the stage to be incorporated into the mainstream of the global film industry through movies like Harry Potter. The Korean architectural community should prepare for a new future through international human resource management and more open systems. In other fields, Korean cultures that resonate with the world are already spreading under the name of K-culture. All the way back to Seoul from Busan, the image of the swaying shadows of the trees against the grey walls lingered in my mind. Through such work, Korean architects will be able to establish themselves in the world not only as architectural professionals in the narrow sense but also as innovators shaping our society's future.

production and construction

제작시공

주식회사 스튜디오미콘 공장에서 건물 안쪽 면의 3D 비정형 몰드를 제작하고 조립했다.
3D unstructured moulds of the inside of the building were made in Studio Miicon's factory, and they began assembling them one by one.

단을 쌓아 거대한 형상을 만들고, 붉은색 실리콘으로 표면을 덧칠했다. 마지막으로 몰드 접합 부분의 틈을 정교하게 이어 붙인 끝에 하나의 형상을 이루었다.

The tiers were stacked to create a giant shape, and the surface was coated with red silicone. After filling in the gaps where the moulds were glued together, they finally formed a single shape.

몰드를 제작하는 동안 현장에서는 모놀리틱 스톤이 들어설 대지와 기초를 재차 확인하는 작업이 이루어졌다.

While the moulds were being made, the site double-checked the land and foundations for the building.

미리 설치한 기초와 UHPC 비정형 건축물의 맨 아랫부분을 연결하는 공정을 시작했다. 미세한 오차라도 외벽의 철근 노출 문제로 연결될 수 있는 만큼 위치와 간격을 거듭 확인하는 일이 뒤따랐다.

    It began connecting the pre-installed foundations on-site to the lowest part of the UHPC unstructured building. They checked the gap several times, as even a slight misalignment could result in exposed rebar on the surface of the exterior wall.

기초와 이어지는 철근을 작업한 다음 위로 층층이 몰드가 잘 쌓일 수 있도록 수평, 수직을 반복해서 확인했다.

After working on the rebar leading up to the foundation, the architect repeatedly checked the level and plumbed to ensure the moulds layered on top of it would fit together well.

UHPC는 경화시간이 빠르고 혼합하기가 까다로워 레미콘 차로 옮길 수 없다. 그래서 특별히 현장에 UHPC를 혼합하는 설비를 갖추고 운영했다.

UHPC can't take advantage of the transit-mixer truck due to its fast cure time and difficulty in mixing. So it had a separate facility on-site specifically for mixing UHPC.

기초 몰드를 세팅하는 한편, 옆에서는 나머지 몰드를 조립하는 작업을 준비 중이다.
　　　　At the same time as setting up the foundation mould, they're preparing to assemble the rest of the mould by the side.

믹싱한 UHPC를 타설하기 시작했다. 점성이 있는 UHPC가 철근 사이사이로 잘 들어갈 수 있도록 꼼꼼히 체크하는 일이 필요하다.

Started pouring the mixed UHPC. It had to be very careful to ensure that the viscous UHPC would fit between the rebar.

기초에서 나온 철근과 이어 붙이기 위해 위에 얹을 몰드도 철근으로 감싼다. 철근 간격이 조금이라도 틀어지지 않도록 온 신경을 곤두세워야 한다.

    Wrap the rebar around the mould assembled on top to connect it to the rebar pulled out of the foundation. It had to be precise to ensure the rebar spacing wasn't off by the slightest bit.

타설한 UHPC 구조체 위로 공장에서 조립해온 내측 몰드의 위치를 잡는다.
Above the bottom of the poured UHPC, the factory-pre-assembled inner mould was positioned.

마지막으로 자리를 잡은 내측 몰드의 철근 배근 공정을 마무리한다.
Finish the final rebar placement process on the settled mould.

Monolithic Stone, A Stone Drawn with Light

First Edition Printing	May 22, 2023
First Edition Publication	May 30, 2023
Author	Cho Shin Hyung
Planning & Editing	Park Sungjin, Choi Youngkeum
Design	Jung Heesook
Photograph	Roh Kyung
Korean Proofreading	Yoon Solhee
English Translation	Rhee Kieun
Publisher	Site & Page
	62, Yuwonji-ro 94beon-gil, Jangheung-myeon, Yangju-si, Gyeonggi-do, Korea
Publication Registration	March 28, 2018 No. 2019-000007
E-mail	siteandpage@naver.com
Telephone	+82-2-6396-4901
Homepage	www.siteandpage.com

ISBN 979-11-976350-4-5 (93540)

No part of this book may be reproduced in any means, by any electronic or mechanical without the prior written permission of the copyright holders.

모놀리틱 스톤, 빛으로 그린 바위

초판 인쇄	2023년 5월 22일
초판 발행	2022년 5월 30일
지은이	조신형
기획 · 편집	박성진, 최영금
디자인	정희숙
준공사진	노경
국문교열교정	윤솔희
영문번역	이기은
발행처	사이트앤페이지
발행인	박성진
출판등록	2018년 3월 28일 제 2019-000007호
주소	경기도 양주시 장흥면 유원지로94번길 62
이메일	siteandpage@naver.com
전화	02-6396-4901
홈페이지	www.siteandpage.com

ISBN 979-11-976350-4-5 (93540)

이 책의 판권은 지은이와 사이트앤페이지에 있습니다. 이 책 내용의 전부 또는 일부를 재사용하려면 반드시 양측의 서면 동의를 받아야 합니다. 잘못된 책은 구입하신 서점에서 교환해드립니다.

모놀리틱 스톤

Monolithic
Stone